Editorial Fantástico Sur

Albatrosses
Albatros

OF THE SOUTHERN OCEAN ▪ DEL OCÉANO AUSTRAL

Credits / *Créditos*

General Edition / *Edición General*:

Editorial Fantástico Sur

José Menéndez 858, Depto. 4, Casilla 920, Punta Arenas, Chile

Fono/Fax: +56 61 247 194 • e-mail: info@fantasticosur.com

www.fantasticosur.com

Design / *Diseño*: Ximena Medina O.

Digitalization /Digitalización: Fabiàn Mansilla

Translation assistance by Joan Rohrback

All photographs © Fantástico Sur except: / *Todas las fotografías © Fantástico Sur excepto*:

© Sidney Bahrt / VIREO: pp. 59

© Scott Jones: pp. 48-49

© Greg Lasley / VIREO: pp. 8-9

© Julio Preller: pp. 55, 74l

© Robert Ricklefs / VIREO: pp. 73, 96

© Dan Roby & Karen Brink / VIREO: pp. 60, 74j

© Alan Tate / VIREO: pp. 31, 42-43, 44, 45, 74h, 88

© Ingrid Visser / VIREO: pp. 68-69, 72

First Edition / *Primera Edición*, Agosto 2005

© 2005, Enrique Couve & Claudio F. Vidal, Fantástico Sur Birding Ltda.

Registro de Propiedad Intelectual Inscripción N°148382

ISBN: 956-8007-10-5

Albatrosses

of the Southern Ocean

- Wandering Albatross / Albatros Errante / *Diomedea [exulans] exulans*

- Gibson's Albatross / Albatros de Gibson / *Diomedea [exulans] gibsoni*

- Antipodean Albatross / Albatros de Antipodes / *Diomedea [exulans] antipodensis*

- Northern Royal Albatross / Albatros Real del Norte
  Diomedea [epomophora] sanfordi

- Southern Royal Albatross / Albatros Real del Sur
  Diomedea [epomophora] epomophora

- Shy (White-capped) Albatross / Albatros de Frente Blanca
  Thalassarche [cauta] cauta

- Salvin's Albatross / Albatros de Salvin / *Thalassarche [cauta] salvini*

- Chatham Albatross / Albatros de Chatham / *Thalassarche [cauta] eremita*

- Black-browed Albatross / Albatros de Ceja Negra / *Thalassarche melanophris*

- Grey-headed Albatross / Albatros de Cabeza Gris / *Thalassarche chrysostoma*

- Buller's Albatross / Albatros de Buller / *Thalassarche bulleri*

- Light-mantled Sooty Albatross / Albatros Oscuro de Manto Claro
  Phoebetria palpebrata

Wandering Albatross
Albatros Errante
Diomedea [exulans] exulans

With a wingspan of up to 11.4 feet (3.5 m), the Wandering Albatross is one of the largest flying birds in the world.

Con una envergadura alar de hasta 3.5 metros, el Albatros Errante es una de las aves voladoras más grandes del mundo.

■ ■ ■ Wandering Albatrosses form couples for life. After an ellaborate courtship consisting of dances, bows and vocalizations, mating and laying will take place, and later incubation. This is an extremely long cycle for which this albatross will rear only a single chick every two years.

El Albatros Errante forma parejas de por vida. Luego de un complejo cortejo que consiste en danzas, reverencias y vocalizaciones, procederá la cópula, la postura y posteriormente la incubación. Con esto se inicia un ciclo extremadamente largo por lo que este albatros sólo criará un polluelo cada dos años.

The juveniles of Wandering Albatross will return to their colonies when they are between 3 and 8 years old, although they will only breed for the first time between 6 and 22 years, more often after 13 years old.

Los juveniles de Albatros Errante retornarán a sus colonias entre los 3 y 8 años de vida, aunque solo se reproducirán por primera vez entre los 6 y 22 años, más usualmente después de los 13 años.

■ ■ ■ Approximately 4.000 pairs of this species nest at South Georgia, this island being a key site for the species. Wandering Albatross nest in loose colonies, in flat areas and valleys covered with short grasslands, conveniently located for easy take-offs and landings.

Unas 4.000 parejas de esta especie nidifican en Isla Georgia del Sur, siendo ésta una localidad clave para la especie. El Albatros Errante nidifica en colonias dispersas, en áreas planas y valles con pastizales cortos, convenientemente localizados para despegar y aterrizar fácilmente.

Albatrosses are among the top predators of the marine ecosystem. They feed during the day mainly on squid, fish, crustaceans and carrion, competing for it with other species of albatross and petrels.

Los albatros se encuentran entre los máximos predadores del ecosistema marino. Se alimentan durante el día principalmente de calamares, peces, crustáceos y carroña, compitiendo por ella con otras especies de albatros y petreles.

By means of satellite tracking it has been verified that Wandering Albatross can glide at average speeds of 18.6 miles/hour (30 km/hr), managing to reach even faster speeds of 54.6 miles/hour (88 km/hr), while traveling from their colonies to the feeding areas. Some non-breeding birds have completed circuits of nearly 31,000 miles (50,000 km) in about 200 days.

Mediante seguimientos con telemetría satelital se ha podido comprobar que el Albatros Errante puede planear a una velocidad promedio de cerca de 30 km/hr, llegando a alcanzar hasta los 88 km/ hr. mientras se desplaza desde sus colonias a sus sitios de alimentación. Algunas aves no-reproductivas han completado circuitos de hasta 50.000 km en alrededor de 200 días.

Gibson's Albatross
Albatros de Gibson

Diomedea [exulans] gibsoni

Approximately 5,800 pairs of Gibson's Albatross nests exclusively in the Auckland Islands off New Zealand. Its total population is estimated at approximately 40,000 individuals.

Unas 5.800 parejas de Albatros de Gibson nidifican exclusivamente en las Islas Auckland, Nueva Zelanda. Su población total se estima en unos 40.000 individuos.

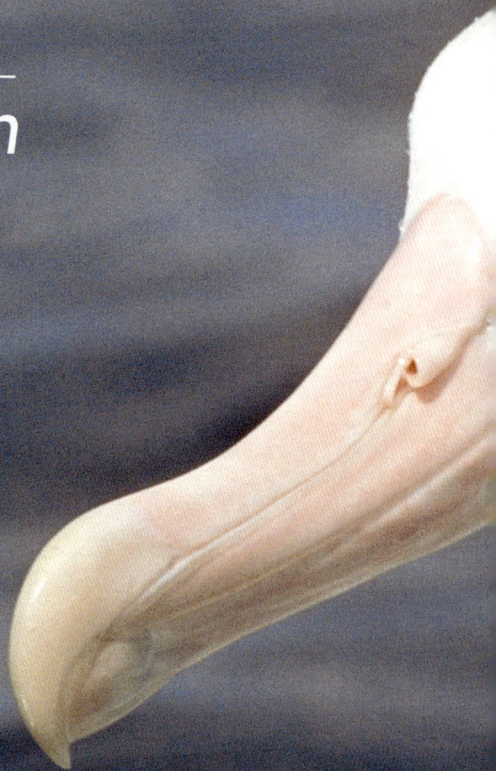

This species generally remains near their colonies throughout the year; the males disperse eastward through the South Pacific, rarely reaching the offshore waters of Chile. A significant part of its population is being affected by mortality associated with long-line fishing in waters off New Zealand and the Tasman Sea.

Esta especie permanece por lo general, cerca de sus colonias durante todo el año; los machos se dispersan hacia el este por el Pacífico, alcanzando rara vez aguas exteriores Chilenas. Una significativa parte está siendo afectada por mortalidad asociada a la pesquería con palangre en aguas de Nueva Zelanda y Mar de Tasmania.

■ ■ ■ Gibson's Albatross has been traditionally regarded as a race of Wandering Albatross. Recent molecular studies suggest that this should be considered at the species level. It is lighter and smaller than Wandering Albatross, especially in its bill and tail measurements.

El Albatros de Gibson ha sido tradicionalmente considerado como una raza de Albatros Errante. Recientes estudios moleculares sugieren que éste debe ser considerado a nivel de especie. Es más liviano y pequeño que el Albatros Errante, especialmente en sus medidas de pico y cola.

Antipodean Albatross

Albatros de Antipodes

Diomedea [exulans] antipodensis

The Antipodean Albatross only nests in the homonimous archipelago, off New Zealand. Approximately 5,000 pairs nest in this group, with an estimated total population of approximately 33,000 individuals.

El Albatros de Antipodes solo nidifica en el archipiélago homónimo, Nueva Zelanda. Unas 5.000 parejas nidifican en este grupo, estimándose su población total en unos 33.000 individuos.

During the non-breeding season this albatross disperses eastward through the South Pacific to offshore water of Chile. One male, tracked by satellite, flew about 4,900 miles (8.000 km) in 17 days.

Durante la estación no-reproductiva este albatros se dispersa hacia el este por el Pacífico Sur hasta aguas exteriores Chilenas. Mediante telemetría satelital se siguió un macho que realizó la travesía de unos 8.000 kilómetros en 17 días.

The Antipodean Albatross is a sexually dimorphic species. The female keeps the dark brown coloration on most of the body as well as the white mask, while the male is much whiter, but keeps the diagnostic dark brown cap.

El Albatros de Antípodes es una especie sexualmente dimórfica. La hembra mantiene la coloración café oscura de la mayor parte del cuerpo, así como la máscara blanca, en tanto que el macho es mucho más blanco, pero mantiene la diagnóstica boina café oscura.

Northern Royal Albatross
Albatros Real del Norte

Diomedea [epomophora] sanfordi

In close quarters it is possible to distinguish the Royal Albatross from the Wandering Albatross, along with other differences, by the diagnostic black line that extends along the cutting edge of the bill.

A corta distancia, es posible diferenciar al Albatros Real del Albatros Errante, entre otras características, por la diagnóstica línea negra que se extiende por el borde de corte del pico.

■ ■ ■ From their breeding colonies Northern Royal
Albatross disperses eastward through the
South Pacific to the coasts of Chile and then
through the Drake Passage and reaches
Argentine waters over the Patagonian Shelf.

*Desde sus colonias reproductivas, el Albatros
Real del Norte se dispersa hacia el este por
el Pacífico Sur hasta las costas de Chile y
luego por el Paso Drake, alcanza hasta aguas
Argentinas, sobre la plataforma patagónica.*

Northern Royal Albatross only nest in islands off New Zealand. This great albatross reaches its sexual maturity very late, but on the other hand is very long-lived even exceeding 60 years of life.

El Albatros Real del Norte nidifica únicamente en islas exteriores de Nueva Zelanda. Al igual que sus congéneres, este gran albatros alcanza su madurez sexual muy tardíamente pero por otra parte es muy longevo, llegando a sobrepasar los 60 años de vida.

Southern Royal Albatross
Albatros Real del Sur

Diomedea [epomophora] epomophora

Southern Royal Albatross feeds mainly on squid, fish and crustaceans, although also on carrion. They congregate with other albatrosses and petrels around swarms, trawlers and whales where they dispute over food.

El Albatros Real del Sur se alimenta principalmente de calamares, peces y crustáceos, aunque también de carroña. Se congrega junto a otros albatros y petreles en torno a cardúmenes, barcos y cetáceos, llegando a disputar decididamente por el alimento.

■■■

Over 8,000 pairs of this grea
albatross nest at Campbell and
Auckland Islands off New
Zealand. Its total population is
estimated at about 28,000
individuals.

*Sobre 8.000 parejas de este
gran albatros nidifican en Islas
Campbell y Auckland, en
Nueva Zelanda. Su población
total es estimada en alrededor
de 28.000 individuos.*

Southern Royal Albatross nests in well dispersed colonies, in mound-shaped nests made of mud and grass. The females arrive to the colony after the males, and the couples will mate almost immediately. Later the female will lay a single egg, which will be incubated by the pair for some 11 weeks.

El Albatros Real del Sur nidifica en colonias bien dispersas, en nidos en forma de montículos hechos de barro y pastos. Las hembras arriban a la colonia después que los machos, y las parejas copularán casi de inmediato. Posteriormente la hembra colocará un solo huevo, el que será incubado por la parejas durante unas 11 semanas.

The White-capped Albatross nests in offshore sub-Antarctic islands of the western South Pacific. During the non-breeding season disperses eastward, reaching waters off South America in small numbers.

El Albatros de Frente Blanca nidifica en islas exteriores subantárticas del Pacífico Sur occidental. Durante el período no-reproductivo se dispersa por el este, hasta llegar en pocos números a aguas exteriores de Sudamérica.

Shy (White-capped) Albatross
Albatros de Frente Blanca
Thalassarche [cauta] cauta

■ ■ ■ This species has two well-defined breeding populations: one nesting in islands off Tasmania and another population breeding in the Auckland and Antipodes Islands. Seemingly both populations show different dispersion patterns; the first one dispersing towards South Africa while the latter through the South Pacific to South America.

Esta especie tiene dos poblaciones reproductivas bien definidas: una de ellas nidifica en islotes exteriores de Tasmania y la otra población en las Islas Auckland y Antipodes. Aparentemente ambas poblaciones muestran dispersiones diferentes; la primera desplazándose hacia Sudáfrica en tanto que la segunda por el Pacífico Sur hasta Sudamérica.

■ ■ ■
This medium-sized albatross has a wingspan of up to 8.5 feet (2.6 m).

Este albatros mediano tiene una envergadura alar de hasta 2.6 metros.

■ ■ ■
The White-capped Albatross is characterized by its pale, almost white head, and its gray bill with yellow tip.

El Albatros de Frente Blanca se caracteriza por su cabeza pálida, casi blanca, y pico gris con punta amarilla.

Salvin's Albatross
Albatros de Salvin

Thalassarche [cauta] salvini

Salvin's Albatross is another species of "mollymauk" that breeds in sub-Antarctic islands off New Zealand, specifically in Snares and Bounty Islands.

El Albatros de Salvin es otra especie de albatros mediano que nidifica en islas exteriores subantárticas de Nueva Zelanda, específicamente en Islas Snares y Bounty.

It is estimated that the total population of this albatross might reach 380,000 individuals. During the non-breeding season, a large part of the population disperses eastward through the South Pacific to South America, being one of the most common albatross species in Chilean waters.

Se estima que la población total de este albatros podría alcanzar los 380.000 individuos. Durante el período no-reproductivo gran parte de la población se dispersa hacia el este por el Pacífico Sur hasta Sudamérica, siendo uno de las especies de albatros visitantes más comunes en aguas Chilenas.

■ ■ ■

Salvin's Albatross juvenile. The juveniles
only will come back to the colonies where
they were born between three and five
years after fledging. On average they
will just begin to breed when they are
10 years old.

*Juvenil de Albatros de Salvin. Los
juveniles solo retornarán a las colonias
donde nacieron entre los tres y cinco
años. En promedio, recién comenzarán
a reproducirse a los 10 años de vida.*

Chatham Albatross
Albatros de Chatham

Thalassarche [cauta] eremita

This is one of the least common albatross of the Southern Ocean. Approximately 5,000 pairs nest exclusively in the Pyramid Rock, in Chatham Islands off New Zealand. Its total population does not exceed 20,000 individuals.

Este es uno de los albatros menos comunes del Océano Austral. Unas 5.000 parejas nidifican exclusivamente en la Roca Pirámide, en Islas Chatham, Nueva Zelanda. Su población total no sobrepasa los 20.000 individuos.

A large part of the population of this rare albatross visits offshore waters of Chile and Peru, along the Humboldt Current. Its conservation status is critical as they only nest on a small islet. They also face the threats of long-line fisheries which might be affecting their numbers in their wintering sites.

Gran parte de la población de este raro albatros visita aguas exteriores Chilenas y Peruanas, a lo largo de la Corriente de Humboldt. Su estado de conservación es crítico pues solo nidifica en un pequeño islote y existe la amenaza que la pesquería con palangre esté afectando sus números en sus sitios de hibernada.

Black-browed Albatross
Albatros de Ceja Negra
Tlalassarche melanophris

Black-browed Albatross is the most abundant species of the Southen Ocean. Beside being widespread in the open sea, it frequents sheltered bays, fjords and channels.

El Albatros de Ceja Negra es la especie más abundante del Océano Austral. Además de encontrarse en mar abierto, frecuenta bahías protegidas, fiordos y canales.

■ ■ ■ This species nest in dense colonies, often together with others albatrosses, penguins and cormorants. Its world population is estimated at approximately three million individuals and nearly 75 % nest in the Falkland Islands.

Esta especie nidifica en densas colonias, a menudo junto a otros albatros, pingüinos y cormoranes. Su población mundial se estima en unos tres millones de individuos y cerca de un 75% de este total nidifica en Islas Malvinas.

■ ■ ■ The race *impavida* of the Black-browed Albatross is characterized by its striking yellowish white iris.

La raza impavida del Albatros de Ceja Negra se caracteriza por su diagnóstico y llamativo iris blanco amarillento.

■ ■ ■ This race only nests at Campbell Islands off New Zealand where there is a small reproductive population of approximately 20,000 pairs.

Esta raza solo nidifica en las Islas Campbell, Nueva Zelanda, donde existe una pequeña población reproductiva de aproximadamente 20.000 parejas.

Juvenile Black-browed Albatrosses remain in the open ocean during two to five years, before returning to the colonies where they were born. In spite of the long period of withdrawal, they return to sites surprisingly near to the nest where they were reared.

Los juveniles de Albatros de Ceja Negra permanecen en el océano abierto durante dos a cinco años, antes de regresar a las colonias donde nacieron. A pesar del largo período de alejamiento, regresan a sitios sorprendente-mente cercanos al nido donde fueron criados.

■ ■ ■ The juvenile of this species is characterized by the yellowish-gray coloration and blackish tip of the bill. It will breed for the first time, generally, at approximately 10 years old.

El juvenil de esta especie se caracteriza por la coloración gris amarillenta y punta negruzca del pico. Solo se reproducirá por primera vez, por lo general, aproximadamente a los 10 años de vida.

The Black-browed Albatross feeds mainly on fish, krill and squid, although is also a scavenger. It is attracted in large numbers by fishing trawlers and probably this is the species that experiences the major mortality associated with long-line fisheries. All their colonies in the southern oceans are experiencing significant decreases for this reason.

El Albatros de Ceja Negra se alimenta principalmente de peces, krill y calamares, aunque también es carroñero. Es atraído en grandes números por barcos pesqueros y posiblemente sea la especie que experimenta mayor mortalidad por la pesquería con palangre.
Todas sus colonias en el Océano Austral están experimentando significativas disminuciones por esta causa.

Grey-headed Albatross
Albatros de Cabeza Gris
Thalassarche chrysostoma

The Gray-headed Albatross is a circumpolar resident that nests in most of the sub-Antarctic islands of the Southern Ocean.

El Albatros de Cabeza Gris es un residente circumpolar que nidifica en la mayoría de las islas subantárticas del Océano Austral.

This species breeds generally once every two years. Both partners meet again in the colonies and, as with all the albatrosses, mate for life.

Esta especie se reproduce generalmente una vez cada dos años. Ambos cónyuges vuelven a reencontrarse en las colonias y constituyen, como todos los albatros, parejas de por vida.

Nearly half of the world population of this albatross nest at South Georgia Island, specially in its northwestern region. Also nests in some offshore islands of southern Chile such as Diego Ramirez and Ildefonso Islands.

Cerca de la mitad de la población mundial de este albatros nidifica en Isla Georgia del Sur, especialmente en la región noroeste. También nidifica en algunas islas exteriores del sur de Chile como Islas Diego Ramírez e Ildefonso.

The Gray-headed Albatross nests colonially in coastal hillsides covered with grasslands where the female lays a single white egg. This will be incubated by the couple for approximately 10 to 11 weeks, and later they will continue guarding and feeding the chick.

El Albatros de Cabeza Gris nidifica colonialmente en laderas costeras cubiertas de pastizales donde la hembra coloca un solo huevo blanco. Este será incubado por la pareja por alrededor de 10 a 11 semanas, para posteriormente continuar con el cuidado y alimentación del polluelo.

Buller's Albatross
Albatros de Buller
Thalassarche bulleri

Buller's Albatross is a resident of the South Pacific which disperses from its breeding colonies in islands off New Zealand to offshore waters of Chile, where he is a regular visitor.

El Albatros de Buller es un residente del Pacífico Sur que se dispersa desde sus colonias reproductivas en islas de Nueva Zelanda hasta aguas exteriores Chilenas, donde es un visitante regular.

■ ■ ■ There are two breeding populations of this albatross: one is restricted to Solander and Snares Islands while the other only nests at the Chatham Islands, all sub-Antarctic archipelagoes of New Zealand.

Existen dos poblaciones reproductivas de este albatros: una restringida a las Islas Solander y Snares y otra que solo nidifica en Islas Chatham, todos archipiélagos subantárticos de Nueva Zelanda.

■■■ This species feeds mostly on fish and krill, that it captures at the surface or by short shallow-plunging. Also congregates around fishing trawlers, together with other albatrosses and petrels, where its competes for fish discards and other carrion.

Esta especie se alimenta principalmente de peces y krill, que captura en la superficie o mediante cortas zambullidas. También se congrega en torno a barcos pesqueros, junto a otros albatros y petreles, en donde compite por restos de peces y otra carroña.

Light-mantled Sooty Albatross
Albatros Oscuro de Manto Claro

Phoebetria palpebrata

This peculiar albatross nests in several sub-Antarctic islands of the southern oceans. South Georgia Island holds the main breeding population of the species.

Este peculiar albatros nidifica en varias islas subantárticas del Océano Austral. Isla Georgia del Sur alberga la mayor población reproductiva de la especie.

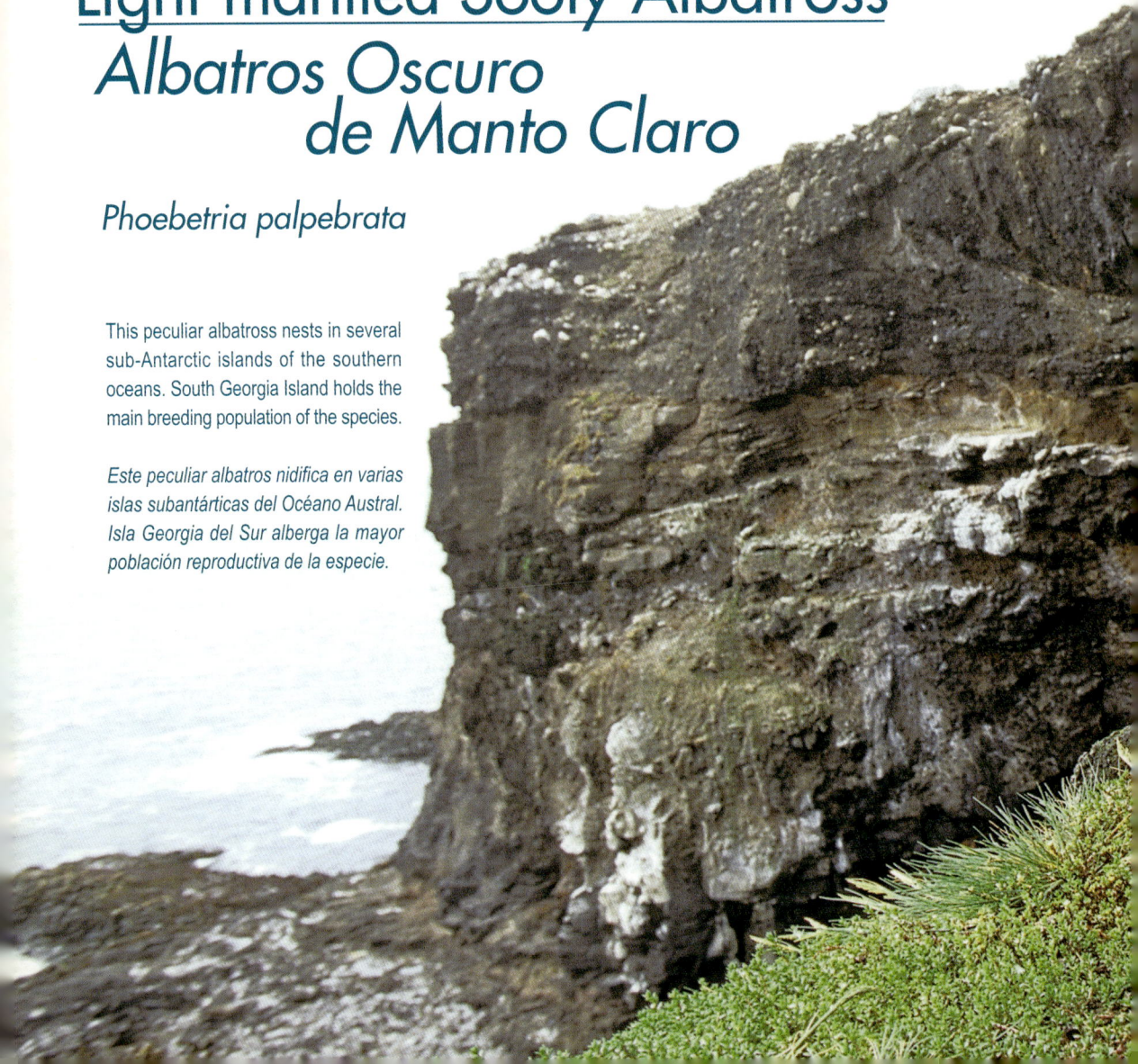

Light-mantled Sooty Albatross is an Antarctic and sub-Antarctic circumpolar resident, present mostly in bordering waters of the Antarctic Convergence.

El Albatros Oscuro de Manto Claro es un residente circumpolar antártico y subantártico, presente comunmente en aguas aledañas a la Convergencia Antártica.

Light-mantled Sooty Albatross feeds primarily on squid and crustaceans that it captures by surface-seizing or plunging up to 39 feet (12 m) deep.

El Albatros Oscuro de Manto Claro se alimenta principalmente de calamares y crustáceos que captura en la superficie o mediante zambullidas de hasta 12 metros de profundidad.

■ ■ ■ This species is characterized by its more graceful and slender profile than other albatrosses, besides its long wedge-shaped tail. It shows a blue line along the mandible, only visible at close quarters.

Se caracteriza por su perfil más grácil y delgado que otros albatros, además por su cola larga y en forma de cuña. Presenta una línea azul por la mandíbula, solo visible a corta distancia.

Species Accounts
Descripción de Especies

Introduction to Albatrosses

Albatrosses are a group of fascinating and long-lived marine birds which breed in remote islands and are mainly distributed throughout the stormy waters of the southern oceans. This is a region that spreads from the Antarctic north to adjacent areas of South America, Africa and Australasia, between 40° and 70°S.

These seabirds belong to the order Procellariiformes and are distinguished by the position of the external tubes of the nostrils, which are found along both sides of the base of the bill instead of being fused into a single tube on top of the bill as in other families of the order. The albatrosses are divided into four genus: the "big albatrosses" of the genus Diomedea (6 species); the genus Thalassarche that is comprised of 9 species of medium-sized albatrosses known also as mollymauks; the genus Phoebastria that includes 4 species, present only in tropical regions and the North Pacific; and the two sooty albatrosses of the genus Phoebetria. Recent molecular studies have suggested an increase in the number of species, from the original 14 to 21.

The name albatross comes from the Portuguese word alcatraz (gannet). It was used originally to name any large-sized seabird and is derived from the Arabic term al-cadous, which is used for pelicans.

These birds are masters of the air and are recognized as graceful gliders; they have adaptations that allow them to glide fast and for long distances and they can cover vast expanses of ocean from their colonies in remote oceanic islands. They have a special tendon that locks the very long forearm bones of the wing in the extended position. Approximately 25 to 34 secondary feathers cover most of the slender and elongated wing, as a result the wing is very efficient aerodynamically and allows the albatross to perform rapid gliding with a low sinking rate and reduces the use of muscular energy during the flight. Albatrosses have quite a diverse diet including fish, squid, and crustaceans. Food is captured mostly by seizing at the ocean surface although some species can plunge to surprising depths, such as the Grey-headed Albatross (20 feet/6 meters) and the Light-mantled Sooty Albatross (39 feet /12 meters). Albatrosses also feed at night when many marine organisms come close to the surface. For the habit of following ships, especially trawlers, albatrosses are also known as scavengers and are always attracted by offal.

These are long-lived birds with an average age of 30 years, but they breed at very slow rates. In spite of the fact that physiologically they are capable of breeding for the first time between 3 and 4 years old, they only begin several years later, some up to 15 years old. Once they reach sexual maturity, albatrosses return to the colonies where they were born, only for short periods towards the end of the breeding season; in the following years they will spend more time ashore courting and looking for potential mates. As soon as a pair establishes, they will usually remain together until the death of one of the mates.

Most of the albatrosses are gregarious, their colonies often hold up to several thousands pairs. The males arrive to the colony before the females. The incubation fluctuates between 65 and 79 days, and is done by both sexes during prolonged shifts of several days. Both parents take care of the chick for approximately 20 days. After this period, the adults will come ashore only to feed the chick at more or less regular intervals. The chick will fledge between 120 days (Black-browed Albatross) and 278 days (Wandering Albatross). Due to prolonged rearing periods, many species only breed biannually, such as the "great albatrosses", sooty albatrosses and the Grey-headed Albatross.

Introducción a los Albatros

Los albatros son un grupo de fascinantes y longevas aves marinas, que se reproducen en remotas islas y se distribuyen principalmente por las tormentosas aguas del Océano Austral, región que se extiende desde la Antártica hasta áreas adyacentes de Sudamérica, África y Australasia, entre los 40º y 70ºS.

Estas aves marinas forman parte del orden Procellariiformes y se distinguen por la posición de los tubos externos de las narinas, que se encuentran a cada lado de la base del pico, en lugar de estar fundidos en un solo tubo y sobre el pico, como en las otras familias del orden. Los albatros son divididos en cuatro géneros: los "grandes albatros" del género Diomedea (6 especies), el género Thalassarche que comprende 9 especies de tamaño medio; el género Phoebastria que incluye 4 especies presentes solo en regiones tropicales y del Pacífico Norte; y los dos albatros oscuros del género Phoebetria. Recientes estudios moleculares han sugerido un incremento en el número de especies, de originalmente 14 a 21.

El nombre albatros proviene de la palabra Portuguesa alcatraz, usada originalmente para nombrar cualquier ave marina grande y que aparentemente deriva del término Arábico al-cadous, utilizado para pelícano.

Estas aves son maestros en el aire y reconocidos gráciles planeadores, presentando algunas adaptaciones que les permiten planear a gran velocidad y por largas distancias, cubriendo de esta forma, vastas extensiones de océano desde sus colonias en remotas islas oceánicas. Tienen un tendón especial que bloquea la posición extendida del ala y huesos del antebrazo muy largos; unas 25 a 34 secundarias cubren gran parte de la delgada y alargada ala. Como resultado, el ala es muy eficiente en términos aerodinámicos, lo que permite al albatros ejecutar un rápido planeo hacia adelante, con una baja tasa de caída y el uso reducido de energía muscular durante el vuelo.

Los albatros tienen una dieta bastante amplia que incluye peces, calamares y crustáceos, que son capturados principalmente en la superficie, aunque algunas especies pueden zambullirse hasta profundidades bastante sorprendentes como el Albatros de Cabeza Gris (6 metros) y Albatros Oscuro de Manto Claro (12 metros). Los albatros también se alimentan durante la noche, cuando muchos organismos marinos se acercan a la superficie. Por sus hábitos de seguir barcos, en especial pesqueros, los albatros son conocidos como aves carroñeras, siempre atraídas por las descargas de deshechos.

Estas aves son muy longevas, viviendo en promedio hasta los 30 años, pero se reproducen muy lentamente. A pesar de que fisiológicamente son capaces de reproducirse por primera vez entre los 3 y 4 años de vida, solo se inician varios años más tarde, algunos hasta los 15 años de edad. Una vez alcanzada la madurez sexual, los albatros regresan a las colonias donde nacieron, solo por un corto período hacia el final de la estación reproductiva; en los años siguientes estarán por más tiempo en tierra cortejando y buscando potenciales parejas. Una vez que la pareja se establece, ésta usualmente permanece unida hasta la muerte de uno de los cónyuges.

La mayoría de los albatros son gregarios, en ocasiones sus colonias albergan varios miles de parejas. Los machos arriban a la colonia antes que las hembras. La incubación fluctúa entre los 65 y 79 días, y es realizada por ambos sexos, por extendidos turnos de varios días. Ambos padres cuidan del polluelo por unos 20 días. Luego de este período, los adultos visitarán tierra solo para alimentar al polluelo por intervalos más o menos regulares. La independencia del polluelo ocurre entre los 120 días (Albatros de Ceja Negra) y los 278 días (Albatros Errante). Debido a lo prolongado del período de cría, muchas especies solo se reproducen bianualmente, como los grandes albatros, los albatros oscuros y el Albatros de Cabeza Gris.

Wandering (Snowy) Albatross

Diomedea [exulans] exulans
Albatros Errante

numbers approximate 55,000 individuals.

Breeding: Nests in coastal plains and valleys covered with tussock grasslands. Rather gregarious, nests in loose colonies; the nests can be separated by tens, even of hundreds meters; at sea they can congregate in small groups around food sources. It is a monogamous species, which pair-bonds for life. In the event of the death of a partner, the survivor will look for a new mate during the following breeding season. Its courtship consists of well-defined nuptial dances, movements and vocalizations. It breeds from mid-December and February onwards, having a very long reproductive cycle. Its nest is a truncated cone with a central depression, made of grasses, roots and mud. In it, the female lays only one egg, which will be incubated in a period of 75 to 83 days. The chick will fledge at 37 to 41 weeks old. Both sexes incubate and provide for the chick during the whole cycle.

Diet: Feeds primarily on squid, although it also preys on fish and crustaceans, which are captured by surface-seizing or shallow-plunging up to three feet (a meter) deep. This albatross is attracted by trawlers, although it also associated with whales while feeding.

Length: From 3.6 to 4.4 feet (1.1-1.35 m) • **Wingspan:** From 8.2 to 11.5 feet (2.5-3.5 m) • **Weight:** From 14 to 25 lbs. (6.3-11.3 kg).

Distribution: It is a sub-Antarctic circumpolar resident. Breeds at South Georgia Island; other colonies are found exclusively in the Southern Indian Ocean at Prince Edward, Marion, Crozet, Kerguelen, Heard, McDonald and Macquarie Islands. Its breeding population has been estimated at approximately 8,500 pairs while its total

Longitud: *De 1.1 a 1.35 metros* •Envergadura: *De 2.5 a 3.5 metros* • Peso: *De 6.3 a 11.3 kilogramos.*

Distribución: *Es un residente circumpolar subantártico. Nidifica en Isla Georgia del Sur; otras colonias se encuentran en el Indico Sur: Islas Prince Edward, Marion, Crozet, Kerguelen, Heard, McDonald y Macquarie. Su población reproductiva ha sido estimada en unas 8.500 parejas en tanto que su población total se aproxima a los 55.000 individuos.*

Reproducción: *Nidifica en planicies costeras y valles con pastizales. Bastante gregario en las colonias, aunque estas son por lo general muy dispersas; los nidos pueden estar separados por decenas y hasta cientos de metros unos de otros; en el mar pueden congregarse pequeños grupos en torno a fuentes de alimento. Es una especie monógama, que establece lazos de pareja de por vida. Ante el evento de la muerte de un cónyuge, el sobreviviente puede buscar una nueva pareja durante la temporada siguiente. Realiza un cortejo consistente en danzas nupciales, movimientos y vocalizaciones muy bien definidas. Se reproduce desde mediados de Diciembre y Febrero en adelante, siendo su ciclo reproductivo muy largo. Su nido es un cono trunco con una depresión central, construido a base de pastos, raíces y barro. En él, la hembra coloca un solo huevo el que es incubado por 75 a 83 días. El polluelo se independizará posteriormente, entre las 37 y 41 semanas de vida. Ambos sexos incuban y aprovisionan al polluelo durante todo el ciclo.*

Dieta: *Se alimenta preferentemente de calamares, aunque también consume peces y crustáceos, los que captura en la superficie y mediante zambullidas de hasta un metro de profundidad. Este albatros es atraído por barcos pesqueros, aunque también se asocia a cetáceos alimentándose.*

Diomedea [exulans] exulans, Diomedea [e.] gibsoni, Diomedea [e.] antipodensis

Gibson's Albatross

Diomedea [exulans] gibsoni
Albatros de Gibson

at approximately 5,800 pairs and its total population at approximately 40,000 individuals.

Breeding: Breeds every two years, from mid-January onward. Nests in areas with short vegetation in coastal plains and valleys. There is no available information about the incubation duration, chick development or fledging times.

Longitud y Envergadura: *Más pequeño que D. e. exulans en las medidas de pico y cola* • Peso: *De 5.5 a 11 kilogramos.*
Distribución: *Es un residente subantártico del Pacífico suroccidental. Nidifica solamente en las Islas Auckland, Nueva Zelanda. Por lo general, permanece cerca de sus colonias; las hembras se dispersan hacia el Mar de Tasmania en tanto que los machos hacia el este por el Pacífico, alcanzando rara vez aguas exteriores Chilenas. La población reproductiva de esta raza se estima en unas 5.800 parejas y su total poblacional en aproximadamente 40.000 individuos.*
Reproducción: *Se reproduce cada dos años, desde mediados de enero en adelante. Nidifica en áreas con vegetación corta en planicies costeras y valles. No existe información sobre la duración de incubación, desarrollo del polluelo o tiempos de independencia.*

Length and Wingspan: Smaller than Wandering Albatross in bill and tail measurements • Weight: From 12 to 24 lbs. (5.5-11 kg).
Distribution: It is a sub-Antarctic resident of the southwestern Pacific Ocean. Nests only at Auckland Islands, off New Zealand. Mainly remains near their colonies; the females disperse towards the Tasman Sea while the males move eastwards through the Pacific Ocean, rarely reaching waters off Chile. The breeding population of this race is estimated

Antipodean Albatross

Diomedea [exulans] antipodensis
Albatros de Antípodes

Length and Wingspan: Smaller than Wandering Albatross in bill, tail and wings measurements. • **Weight:** From 13 to 16.4 lbs. (5.84-7.46 kg).

Distribution: Its is a sub-Antarctic resident of the South Pacific Ocean. Most of its population nests at Antipodes Islands and a few pairs at Campbell Islands, off New Zealand. During the non-breeding period disperses eastward to Chile and westward to the Tasman Sea. It has been verified by satelite-tracking that a marked male travelled approximately 5,000 miles (8,000 km) though the South Pacific, in only 17 days. The breeding population of this race is estimated at approximately 5,150 pairs and the total population comes closer to 33,000 individuals.

Breeding: Breeds from mid-January onward, nesting in areas with short vegetation in coastal plains and valleys.

Longitud y Envergadura: *Más pequeño que D. e. exulans en medidas de pico, cola y alas* • Peso: *De 5.84 a 7.46 kilogramos.*
Distribución: *Es un residente subantártico del Pacífico Sur. La mayor parte de su población nidifica en Islas Antípodes y unas pocas parejas en Islas Campbell, Nueva Zelanda. Durante el período no-reproductivo se dispersa por el este hasta Chile y por* el oeste hasta el Mar de Tasmania. Se ha comprobado mediante un seguimiento satelital que un macho marcado viajó unos 8.000 kilómetros por el Pacífico Sur, en tan solo 17 días. La población reproductiva de esta raza se estima en unas 5.150 parejas y el total poblacional se aproxima a los 33.000 individuos.
Reproducción: *Se reproduce desde mediados de enero en adelante, nidificando en áreas con vegetación corta en planicies costeras y valles.*

Northern Royal Albatross

Diomedea [epomophora] sanfordi
Albatros Real del Norte

Auckland group. Its breeding population is estimated at approximately 5,200 pairs, while the total population between 28,000 and 34,000 individuals. In the Southern Ocean it is more frequent between 30° and 52°S. This species winters mostly in waters off Chile, Argentina and Uruguay, returning to their colonies by way of the South Atlantic and Indian Oceans.

Breeding: Generally breeds every two years, from late October and early December onward. It is rather gregarious, nesting in loose colonies. Usually nests in plateaus and flat sectors of small rocky islands. Its nest is a truncated cone with a central depression, made of mud and vegetation. In it, the female lays only one whitish egg which is incubated by both sexes for a period of 76 to 86 days. The chick will be guarded and fed by both parents until it finally fledges between 31 and 36 weeks old.

Diet: Feeds mostly on squid, although it also captures fish, crustaceans and salps, by surface-seizing or shalow-plunging. It is attracted by trawlers, although it is rather shy, preferring always to keep its distance.

Length and Wingspan: It is somewhat smaller than the Southern Royal Albatross in bill and wings measurements, besides being lighter. • **Weight:** From 14.4 to 15 lbs. (6.54-6.8 kg).

Distribution: It is a sub-Antarctic circumpolar resident. Nests mainly at Chatham Islands, although there are other small colonies in Taiaroa, Dunedin, in the South Island of New Zealand and at Enderby Island, in the

Longitud y Envergadura: *Es algo más pequeño que el Albatros Real del Sur en las medidas de pico y alas, además de ser más liviano.*
Peso: *De 6.54 a 6.8 kilogramos.*
Distribución: *Es un residente circumpolar subantártico. Nidifica principalmente en Islas Chatham, aunque también existen pequeñas colonias en Taiaroa, Dunedin, en la Isla Sur de Nueva Zelanda y en Isla Enderby, en el grupo de las Auckland. Su población reproductiva se estima en unas 5.200 parejas, en tanto que la población total entre 28.000 y 34.000 individuos.*

En el Océano Austral es más frecuente entre los 30º y 52ºS. Esta especie hiberna principalmente en aguas exteriores de Chile, Argentina y Uruguay, retornando a sus colonias por el Atlántico e Indico Sur.
Reproducción: *Por lo general se reproduce cada dos años, desde finales de octubre y comienzos de diciembre en adelante. Es gregario, aunque sus colonias son bastante dispersas. Nidifica usualmente en mesetas y sectores más planos de pequeños islotes rocosos. Su nido es un cono trunco con una depresión central, hecho de barro y vegetación.*

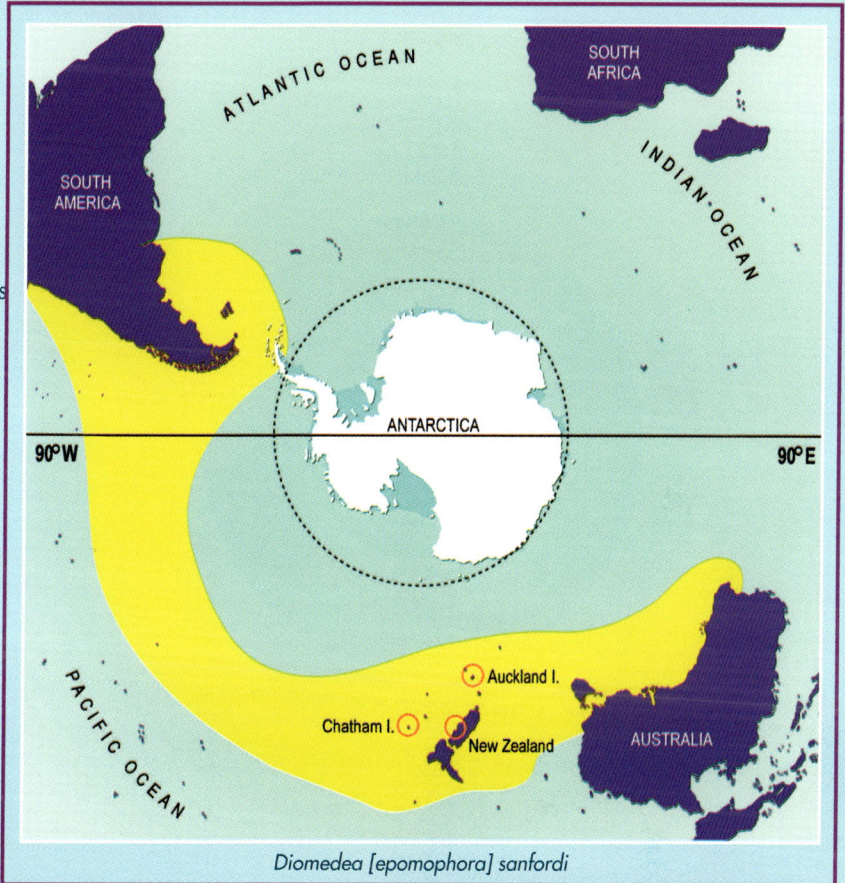

En él, la hembra coloca un solo huevo blanquecino, el que es incubado por ambos sexos, por un período de 76 a 86 días de duración. El polluelo será cuidado y alimentado por ambos progenitores hasta que finalmente se independice, lo que sucede entre las 31 y 36 semanas de vida.
Dieta: *Se alimenta en especial de calamares, aunque también consume peces, crustáceos y salpas, que captura en la superficie o mediante cortas zambullidas superficiales. Es atraído por barcos, aunque es algo tímido, prefiriendo siempre mantener distancia.*

ATLANTIC OCEAN
SOUTH AFRICA
INDIAN OCEAN
SOUTH AMERICA
ANTARCTICA
90ºW
90ºE
PACIFIC OCEAN
Auckland I.
Chatham I.
New Zealand
AUSTRALIA

Diomedea [epomophora] sanfordi

Southern Royal Albatross *Diomedea [epomophora] epomophora*

Albatros Real del Sur

distributed in the Southern Ocean between 36° and 63°S. It is a regular visitor throughout the year in the South Pacific Ocean down to the Drake Passage and in the South Atlantic, being somewhat more frequent between the Falkland Islands and 23°S especially in waters on the continental shelf. It is vagrant visitor around South Georgia Island.

Breeding: Breeds generally every two years, from late November and early December onwards. It is rather gregarious, nesting in loose colonies. Nests in hills, peat bogs and slopes covered with grasslands. Its nest is a truncated cone with a central depression, made of grass, mosses and ferns; in it the female lays only one white egg, which is incubated for about 78 to 80 days. The chick will be guarded and fed by both parents, until finally it fledges between 32 and 36 weeks old.

Diet: Feeds preferably on squid; also it preys on fish, crustaceans and salps, which it captures by surface-seizing or short shallow-plunging. It is attracted by trawlers, congregating with others albatrosses and petrels.

Length: From 3.2 to 4 feet (1-1.22 m) • **Wingspan:** From 9.5 to 11.5 feet (2.91-3.51 m) • **Weight:** From 14.3 to 22.7 lbs. (6.52-10.3 kg).

Distribution: It is a sub-Antarctic circumpolar resident. Nests mostly at Campbell Islands, off New Zealand, although there is also a small population at Enderby Island, in the Auckland group. Its breeding population is estimated at approximately 8,200 to 8,600 pairs, while the total number of individuals is 28,000. It is

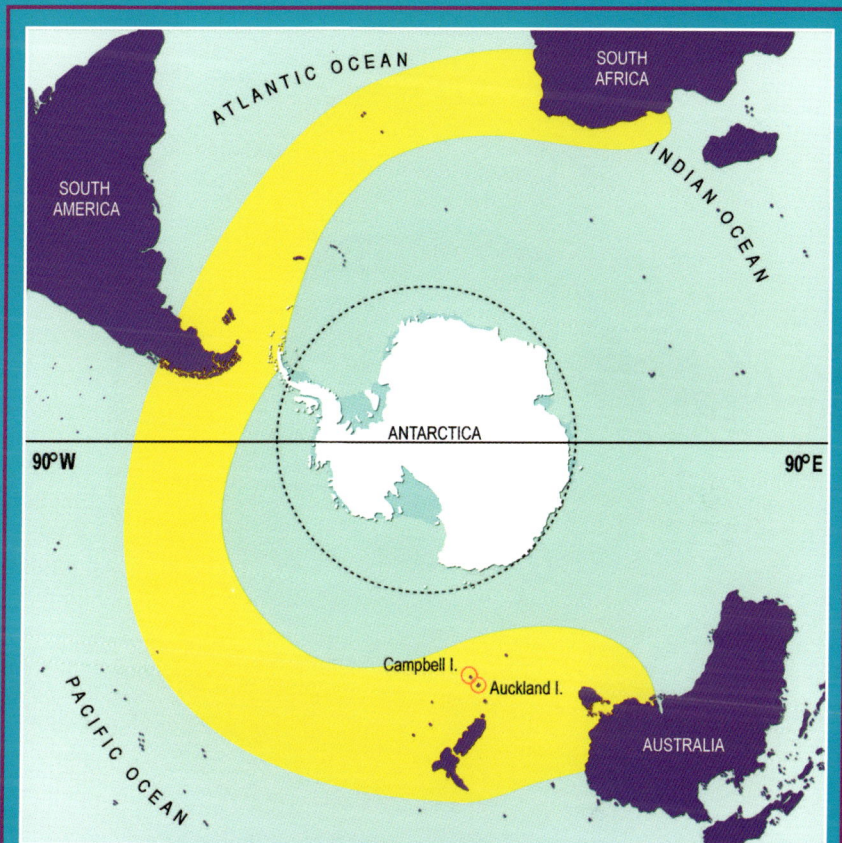

Diomedea [epomophora] epomophora

Longitud: *De 1 a 1.22 metros • Envergadura: De 2.91 a 3.51 metros • Peso: De 6.52 a 10.3 kilogramos.*

Distribución: *Es un residente circumpolar subantártico. Nidifica principalmente en Islas Campbell, Nueva Zelanda, aunque también existe una pequeña población en Isla Enderby, en el grupo de las Islas Auckland. Se estima su población reproductiva en unas 8.200 a 8.600 parejas, en tanto que su población total en aproximadamente 28.000 individuos. Se distribuye en el Océano Austral entre los 36º y 63ºS. Es un visitante regular durante todo el año en el Pacífico Sur hasta el Paso Drake y en el Atlántico Sur, siendo algo frecuente entre las Islas Malvinas y los 23ºS, especialmente en aguas sobre la plataforma continental. Es un visitante errante alrededor de Isla Georgia del Sur.*

Reproducción: *Se reproduce por lo general cada dos años, desde fines de noviembre e inicios de diciembre en adelante. Es gregario, aunque sus colonias son bastante dispersas. Nidifica en cerros, turbales o pendientes con pastizales. Su nido es un cono trunco con una depresión central, hecho a base de pastos, musgos y helechos, en el que la hembra coloca un solo huevo blanco, el que es incubado por alrededor de 78 a 80 días. El polluelo será cuidado y alimentado por ambos padres, hasta que finalmente se independice entre las 32 y 36 semanas de vida.*

Dieta: *Se alimenta preferentemente de calamares; también consume peces, crustáceos y salpas, los que captura en la superficie o mediante zambullidas superficiales cortas. Es atraído por barcos, donde se agrupa junto a otros albatros y petreles.*

Shy (White-capped) Albatross

Thalassarche cauta
Albatros de Frente Blanca

is around 375,000 individuals. This race disperses westward to South America, but is scarce in the South Atlantic.

Breeding: It is a highly gregarious species. Breeds annually from early September and mid-October (cauta) and between November and December (steadi), nesting in protected crevices in rocky or grassland-covered slopes. Its courtship consists of a well-defined series of aggressive movements. Builds a low mound with a central depression, made out of mud, guano, feathers and other materials. In it, the female lays only one whitish egg that is incubated by both sexes for about 73 days. The chick will be guarded and fed by the couple, up to finally leaving the colony between March and April (cauta) and by mid-August (steadi).

Diet: Feeds on fish, squid and crustaceans that it captures by surface-seizing and shallow-plunging. Congregates with others albatrosses and seabirds, associating with trawlers and whales.

Length: From 2.9 to 3.2 feet (90-100 cm) • **Wingspan:** From 6.8 to 8.5 feet (210-260 cm) • **Weight:** From 7 to 11.2 lbs. (3.2-5.1 kg). The race steadi is smaller than cauta in bill, tarsus, tail and wings measurements, beside being lighter.

Distribution: It is a sub-Antarctic circumpolar resident. The nominate race nests in Albatross, Mewstone and Pedra Blanca Islands, off Tasmania. Its total population has been estimated at approximately 12,250 pairs. The race steadi nests in the Auckland archipelago and in the Antipodes group, off New Zealand. Its breeding population is estimated between 70,000 and 80,000 pairs, while its total population

Longitud: *De 90 a 100 centímetros* • **Envergadura:** *De 210 a 260 centímetros* • **Peso:** *De 3.2 a 5.1 kilogramos. La raza steadi es más pequeña que cauta en las medidas de pico, tarso, cola y alas, además de ser más liviana.*

Distribución: *Es un residente circumpolar subantártico. La raza nominal nidifica en Islas Albatross, Mewstone y Pedra Blanca, Tasmania. Su población total se ha estimado en unas 12.250 parejas. La raza steadi nidifica en el archipiélago de las Auckland y en el grupo de las Antípodes,*

Salvin's Albatross

Albatros de Salvin
Thalassarche [cauta] salvini

Nueva Zelanda. Su población reproductiva se estima entre 70.000 y 80.000 parejas, en tanto que su total poblacional es de alrededor de 375.000 individuos. Esta raza se dispersa hasta el oeste de Sudamérica, siendo mucho más escaso en el Atlántico Sur.

Reproducción: Es una especie bastante gregaria. Se reproduce anualmente desde comienzos de septiembre y mediados de octubre (cauta) y entre Noviembre y Diciembre (steadi), nidificando en oquedades protegidas en pendientes rocosas o cubiertas de vegetación. Su cortejo consiste en una bien definida serie de movimientos agresivos. Construye un montículo bajo con una depresión central, a base de barro, guano, plumas y otros materiales. En él, la hembra coloca un solo huevo blanquecino el que es incubado por ambos sexos por alrededor de 73 días. El polluelo será cuidado y alimentado por ambos progenitores, hasta finalmente independizarse y abandonar la colonia entre marzo y abril (cauta) y hacia mediados de Agosto (steadi).

Dieta: Se alimenta de peces, calamares y crustáceos que captura en la superficie y mediante cortas zambullidas superficiales. Se agrupa con otros albatros y aves marinas, asociándose a barcos y cetáceos.

Length and Wingspan: It is somewhat larger than White-capped Albatross in tail and wing measurements. • **Weight:** From 7.2 to 10.8 lbs. (3.3-4.9 kg).

Distribution: It is a sub-Antarctic resident mainly found in the South Pacific Ocean. Nests at Bounty and Snares Islands; also a small population exists at Crozet Islands. Its breeding population is estimated between 70,000 and 80,000 pairs while its total population is about 380,000 individuals. Disperses via the southern Indian Ocean and eastwards, is a very common visitor off Chile south to the Gulf of Penas. It is less common to the south in the Straits

...Salvin's Albatross

of Magellan and Cape Horn, being just an occasional visitor in the Argentine Sea and around the Falkland Islands.

Breeding: Breeds annually, between early October and November, in flat open areas. Its nest is a low mound with a central depression, made out of mud, guano and other materials. In it the female lays only one whitish egg which will be incubated by both parents for a period from 68 to 75 days.

Longitud y Envergadura: *Es algo más grande que el Albatros de Frente Blanca en las medidas de cola y alas.* • **Peso:** *De 3.3 a 4.9 kilogramos.*

Distribución: *Es un residente subantártico principalmente del Pacífico Sur. Nidifica en Islas Bounty y Snares; también existe una pequeña población en Islas Crozet. Su población reproductiva se estima entre 70.000 y 80.000 parejas en tanto que su total poblacional en alrededor de 380.000 individuos. Se dispersa por el Indico Sur y por el este es un visitante muy común en Chile hasta el Golfo de Penas. Es más raro hacia el sur en el Estrecho de Magallanes y Cabo de Hornos y es solo un visitante ocasional en el Mar Argentino y alrededor de Islas Malvinas.*

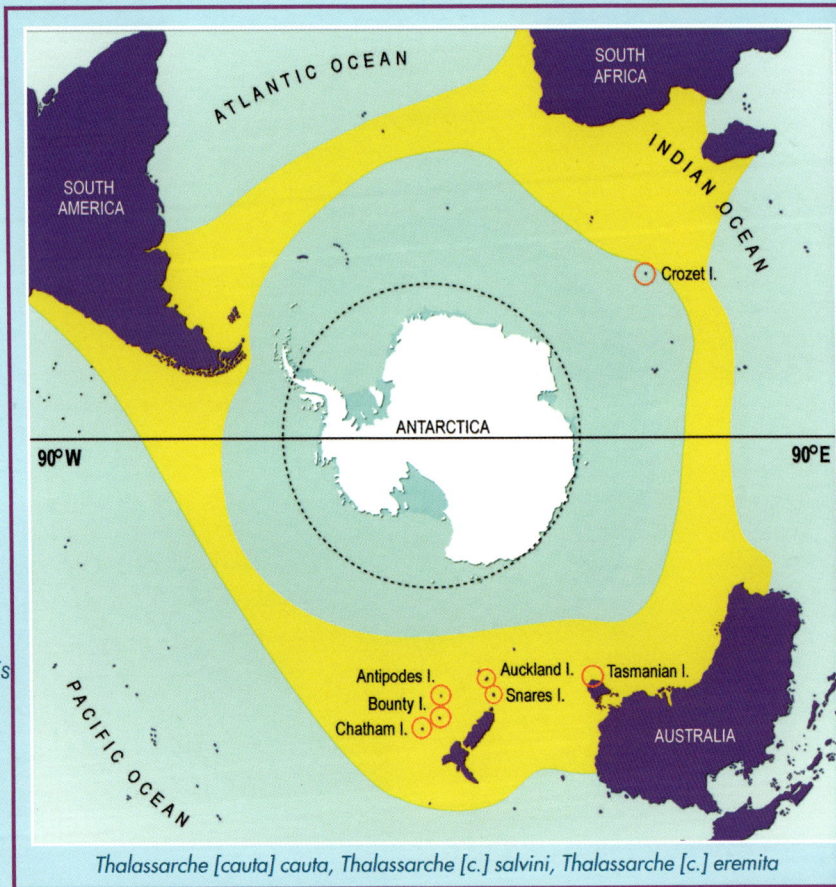

Reproducción: *Se reproduce anualmente, entre inicios de octubre y noviembre, en áreas planas abiertas. Su nido es un montículo bajo con una depresión central, construído a base de barro, guano y otros materiales. En él la hembra coloca un solo huevo blanquecino el que es incubado por ambos padres por un período de 68 a 75 días.*

ATLANTIC OCEAN
SOUTH AFRICA
INDIAN OCEAN
SOUTH AMERICA
Crozet I.
ANTARCTICA
90° W
90° E
PACIFIC OCEAN
Antipodes I.
Bounty I.
Chatham I.
Auckland I.
Snares I.
Tasmanian I.
AUSTRALIA

Thalassarche [cauta] cauta, Thalassarche [c.] salvini, Thalassarche [c.] eremita

Chatham Albatross

Thalassarche [cauta] eremita

Albatros de Chatham

Length and Wingspan: It is somewhat larger than the White-capped Albatross in tail and wing measurements. • **Weight:** From 6.8 to 10.3 lbs. (3.1-4.7 kg).

Distribution: Its is a sub-Antarctic resident of the southern Pacific Ocean. Nests only at Pyramid Rock in the Chatham Islands, off New Zealand. Its breeding population is estimated at approximately 5,000 pairs and its total population is approximately 20,000 individuals. From its colonies, disperses eastward to Chile and Peru where it is a regular visitor. It is a rare visitor southward to the Gulf of Sorrows, being a vagrant in waters off Cape Horn and Diego Ramirez Islands.

Breeding: Breeds annually between August and September, nesting in colonies located on slopes and coastal hillsides. Builds a low mound with a central depression out of guano and feathers in which the female lays its only egg. Both parents will incubate it for about 66 to 72 days and will continue together guarding and feeding the chick until its fledges between February and April.

Longitud y Envergadura: *Es algo más grande que el Albatros de Frente Blanca en las medidas de cola y alas.* • **Peso:** *De 3.1 a 4.7 kilogramos.*

Distribución: *Es un residente subantártico del Pacífico Sur. Nidifica únicamente en la Roca Pyramid, en Islas Chatham, Nueva Zelanda. Su población reproductiva se estima en unas 5.000 parejas con un total poblacional de alrededor de 20.000*
individuos. *Desde sus colonias se dispersa por el este hasta Chile y Perú donde es un visitante regular. Es un visitante más raro por el sur hasta el Golfo de Penas siendo accidental en aguas exteriores del Cabo de Hornos e Islas Diego Ramírez.*

Reproducción: *Se reproduce anualmente entre agosto y septiembre, nidificando en colonias situadas en pendientes y laderas costeras. Construye un montículo bajo con una depresión central a base de guano y plumas, en el que la hembra deposita su único huevo. Ambos padres lo incubarán por alrededor de 66 y 72 días, y continuarán juntos el cuidado y alimentación del polluelo hasta que éste se independice entre febrero y abril.*

Black-browed Albatross

Thalassarche melanophris

Albatros de Ceja Negra

Antipodes Islands. Its total population is estimated at approximately three million individuals. The race impavida only nests at Campbell Islands off New Zealand, with a total population between 19,000 and 26,000 pairs. Part of its population disperses northward through the southern Atlantic and the Pacific along the Humboldt Current. It is a rare visitor around the Antarctic Peninsula.

Breeding: It is a highly gregarious and monogamous species; they have long-lasting pair-bonds which are renewed by means of a courtship consisting of a series of well-defined movements. Breeds annually from late September and mid-November onward, nesting in terraces and hillsides covered with grasslands and often close to other seabirds. Its nest is a mound with a central depression made out of mud and grass; in it the female will lay only one egg which will be incubated by both parents for about 65 to 72 days. The chick will fledge between 18 to 16 weeks old.

Diet: Feeds mainly on fish and krill, although captures also squid and jellyfish by surface-seizing or shallow-plunging. Follows ships and whales, congregating with others albatrosses and petrels.

Length: From 2.8 to 3.1 feet (88-96 cm) •**Wingspan:** From 6.8 to 8.2 feet (2.1-2.5 m) • **Weight:** From 6.3 to 10.1 lbs. (2.9-4.6 kg).

Distribution: It is a very common circumpolar, sub-Antarctic, and Antarctic resident present between 20° and 60°S. Nearly 75% of the world population nests in the Falkland Islands. Nests also at South Georgia Island and offshore islands of southern Chile: Diego Ramirez, Ildefonso, Evout, and Diego de Almagro Islands. Other colonies are in Crozet, Kerguelen, Heard, McDonald, Macquarie, Snares, Campbell, and

ATLANTIC OCEAN

SOUTH AFRICA

SOUTH AMERICA

INDIAN OCEAN

Crozet I.

Falkland I.

Kerguelen I.

Diego Ramírez I.

Heard I.
Mc Donald I.

Diego de Almagro I.

90° W

ANTARCTICA

90° E

PACIFIC OCEAN

Macquarie I.

Campbell I.

Antipodes I.

Snares I.

AUSTRALIA

Thalassarche melanophris

Longitud: *De 88 a 96 centímetros* • **Envergadura:** *De 2.1 a 2.5 metros* • **Peso:** *De 2.9 a 4.6 kilogramos.*

Distribución: *Es un residente circumpolar subantártico y antártico muy común, presente entre los 20º y 60ºS. Cerca de un 75% de la población mundial nidifica en Islas Malvinas. Nidifica también en Isla Georgia del Sur y en islas exteriores del sur de Chile: Islas Diego Ramírez, Ildefonso, Evout y Diego de Almagro. Otras colonias se encuentran en Islas Crozet, Kerguelen, Heard, McDonald, Macquarie, Snares, Campbell y Antipodes. Su población total se estima en unos tres millones de individuos. La raza impavida solo nidifica en Islas Campbell, Nueva Zelanda, con una población total de entre 19.000 a 26.000 parejas. Parte de su población se dispersa hacia el norte por el Atlántico Sur y por el Pacífico, por la Corriente de Humboldt. Es un raro visitante alrededor de la Península Antártica.*

Reproducción: *Es una especie gregaria y monógama; las parejas mantienen lazos muy duraderos los que son renovados mediante un cortejo consistente en una serie de movimientos bien definidos. Se reproduce anualmente desde finales de septiembre a mediados de noviembre en adelante, nidificando en terrazas y laderas cubiertas con pastizales, con frecuencia junto a otras aves marinas. Su nido es un montículo con una depresión central construido a base de barro y pastos, en el la hembra colocará su unico huevo, que será incubado por ambos padres por alrededor de 65 a 72 días. El polluelo finalmente se independizará entre las 16 y 18 semanas de vida.*

Dieta: *Se alimenta principalmente de peces y krill, aunque también de calamares y medusas, que captura en la superficie o mediante cortas zambullidas superficiales. Sigue barcos y cetáceos, congregándose junto a otros albatros y petreles.*

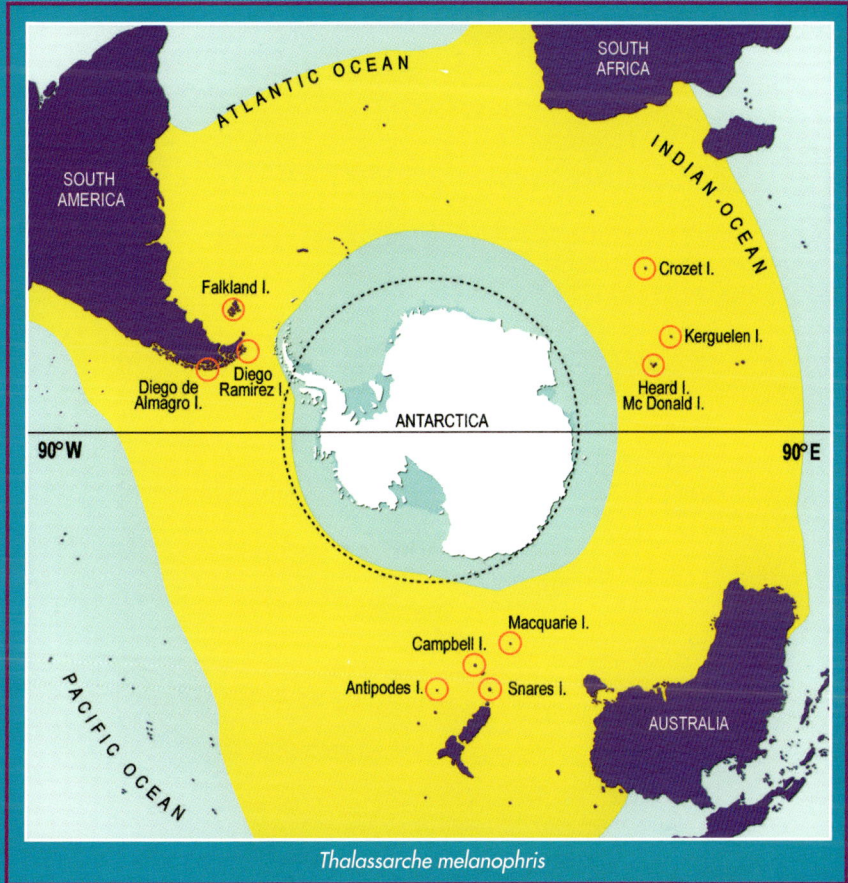

Grey-headed Albatross

Thalassarche chrysostoma

Albatros de Cabeza Gris

and Campbell Islands. Its breeding population is estimated at approximately 92,000 pairs while its total population is roughly 600,000 individuals. Part of its population disperses northward through the South Atlantic up to 35ºS while in the South Pacific it travels along the Humboldt Current reaching up to 15ºS. It is a rather frequent pelagic visitor around the Antarctic Peninsula.

Breeding: It is a monogamous species, the couples maintain long-lasting pair-bonds. Breeds every two years between late September and early October and onward. Nests colonially in coastal hillsides covered with tussock grasslands, often with other albatross species. Its nest is a low mound with a central depression, made out of mud, grass, and roots. In it the female lays a single white egg which will be incubated by the pair for about 69 to 78 days. Finally the chick will fledge at around 20 weeks old.

Diet: Feeds mostly on fish and squid, and also a some krill which it captures by surface-seizing or by shallow-plunging. Very rarely follows ships. Associates with cetaceans while feeding, congregating together with others albatrosses and petrels.

Length: From 2.3 to 2.7 feet (70-85 cm) • **Wingspan:** 7.2 feet (2.2 m) • **Weight:** From 5.7 to 9.4 lbs. (2.6-4.3 kg).

Distribution: It is a sub-Antarctic and Antarctic circumpolar resident. Nearly half of its world population nests at South Georgia Island, especially in the northwestern region. Also nests in some offshore islands of southern Chile: Diego Ramirez and Ildefonso Islands. Other colonies in the Southern Ocean are at Prince Edward, Marion, Crozet, Kerguelen, Macquarie,

Thalassarche chrysostoma

Longitud: *De 70 a 85 centímetros • Envergadura: 2.2 metros • Peso: De 2.6 a 4.3 kilogramos.*
Distribución: *Es un residente circumpolar subantártico y antártico. Cerca de la mitad de su población mundial nidifica en Isla Georgia del Sur, especialmente en la región noroeste. También nidifica en algunas islas exteriores del sur de Chile: Islas Diego Ramírez e Ildefonso. Otras colonias en el Océano Austral se encuentran en Islas Prince Edward, Marion, Crozet, Kerguelen, Macquarie y Campbell. Su población reproductiva se estima en unas 92.000 parejas en tanto que su total poblacional en aproximadamente 600.000 individuos. Parte de su población se dispersa hacia el norte por el Atlántico Sur hasta los 35ºS y por el Pacífico, por la Corriente de Humboldt hasta los 15ºS. Es un visitante pelágico poco frecuente alrededor de la Península Antártica.*
Reproducción: *Es una especie monógama, las parejas mantienen lazos muy duraderos. Se reproduce cada dos años, entre finales de septiembre e inicios de octubre en adelante. Nidifica colonialmente en laderas costeras cubiertas de pastizales junto a otras especie de albatros. Su nido es un montículo bajo con una depresión central, construido a base de barro, pastos y raíces en el que la hembra coloca un solo huevo blanco que será incubado por la pareja por alrededor de 69 a 78 días. Finalmente el polluelo se independizará alrededor de las 20 semanas de vida.*
Dieta: *Se alimenta principalmente de peces y calamares, y también algo de krill, que captura en la superficie o mediante cortas zambullidas superficiales. Muy rara vez sigue barcos. Se asocia a cetáceos alimentándose, congregándose junto a otros albatros y petreles.*

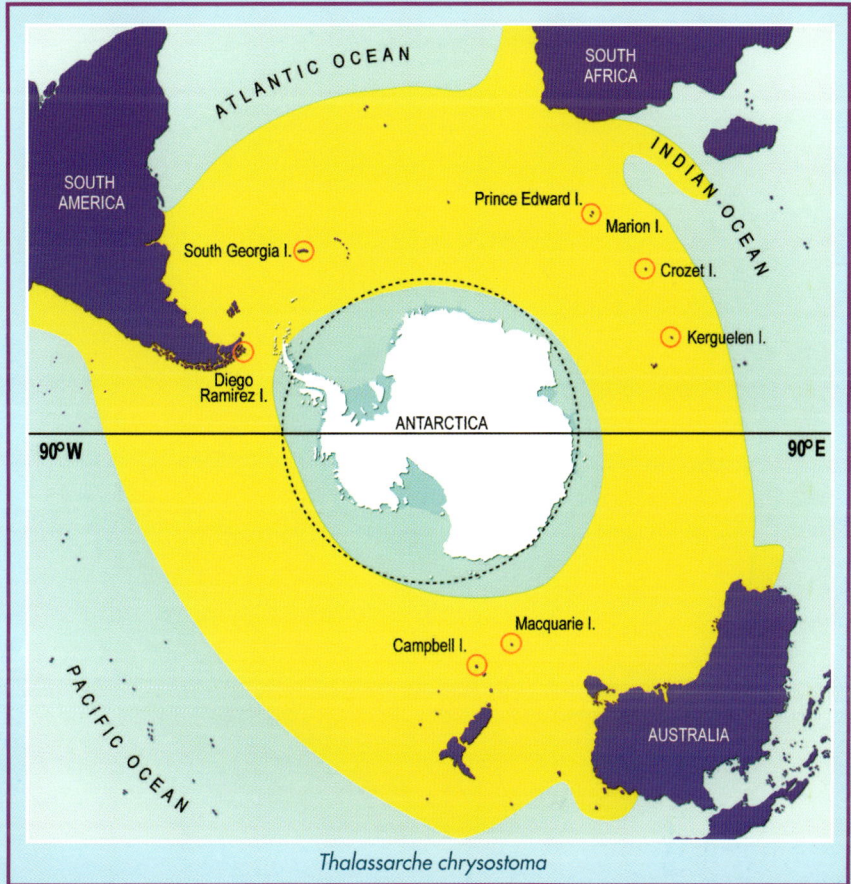

Buller's Albatross

Thalassarche bulleri
Albatros de Buller

platei only nests at Chatham and Three Kings Islands, also sub-Antarctic islands of New Zealand. Its breeding population is about 18,000 pairs with a maximum population of 90,000 individuals. Disperses in the Southern Ocean westward to Australia and eastward to South America, being a regular visitor of offshore Chilean and Peruvian waters; an accidental visitor southward to the Gulf of Penas, Chile, in the South Atlantic, and only a vagrant around the Falkland Islands.

Breeding: It is a monogamous species, which has long-lasting pair-bonds. Breeds annually from October and November (platei) and late December onward, in slopes with dense vegetation, even within forests. Its nest is a mound made of mud and grass, in which the female lays a single whitish egg. Both parents will incubate it for about 69 days and later they will guard and feed the chick, until it eventually will fledge at approximately 24 weeks old.

Diet: Feeds mainly on squid, although it also captures fish and krill by surface-seizing or shallow-plunging. Follows ships and cetaceans, gathering with other species of albatrosses and petrels.

Length: From 29.9 to 31.8 inches (76-81 cm) • **Wingspan:** From 6.5 to 6.8 feet (2-2.1 m) • **Weight:** From 4.4 to 7.2 lbs. (2-3.3 kg).

Distribution: It is a sub-Antarctic resident of the South Pacific Ocean, present between 38º and 50ºS. The nominate race nests at Solander and Snares Islands off New Zealand. Its breeding population is estimated at approximately 11,000 pairs while its total population is between 50,000 and 58,000 individuals. The race

Thalassarche bulleri

Longitud: *De 76 a 81 centímetros*
• Envergadura: *De 2 a 2.1 metros*
• Peso: *De 2 a 3.3 kilogramos.*
Distribución: *Es un residente subantártico del Pacífico Sur, presente entre los 38º y 50ºS. La raza nominal nidifica en las Islas Solander y Snares, Nueva Zelanda. Su población reproductiva se estima en unas 11.000 parejas en tanto que su total poblacional entre 50.000 y 58.000 individuos. La raza platei solo nidifica en Islas Chatham y Three Kings, también islas subantárticas de Nueva Zelanda. Su población reproductiva es de alrededor de 18.000 parejas con un total poblacional máximo de 90.000 ididuos. Se dispersa en el Océano Austral por el oeste hasta Australia y por el este hasta Sudamérica, siendo un visitante regular de aguas exteriores Chilenas y Peruanas; se extiende por el sur hasta el Golfo de Penas, en Chile, siendo en el Atlántico Sur, solo un visitante accidental en Islas Malvinas.*
Reproducción: *Es una especie monógama, que mantiene lazos muy duraderos entre las parejas. Nidifica anualmente desde octubre y noviembre (platei) y fines de diciembre en adelante, en pendientes con vegetación densa, inclusive dentro de bosques. Su nido es un montículo de barro y pasto, en el que la hembra pone un solo huevo blanquecino. Ambos padres incubarán por alrededor de 69 días y posteriormente cuidarán y alimentarán al polluelo, hasta que este finalmente se independice aproximadamente a las 24 semanas de vida.*
Dieta: *Se alimenta principalmente de calamares, aunque también de peces y krill, que captura en la superficie o mediante cortas zambullidas superficiales. Sigue barcos y cetáceos, agrupándose junto a otras especies de albatros y petreles.*

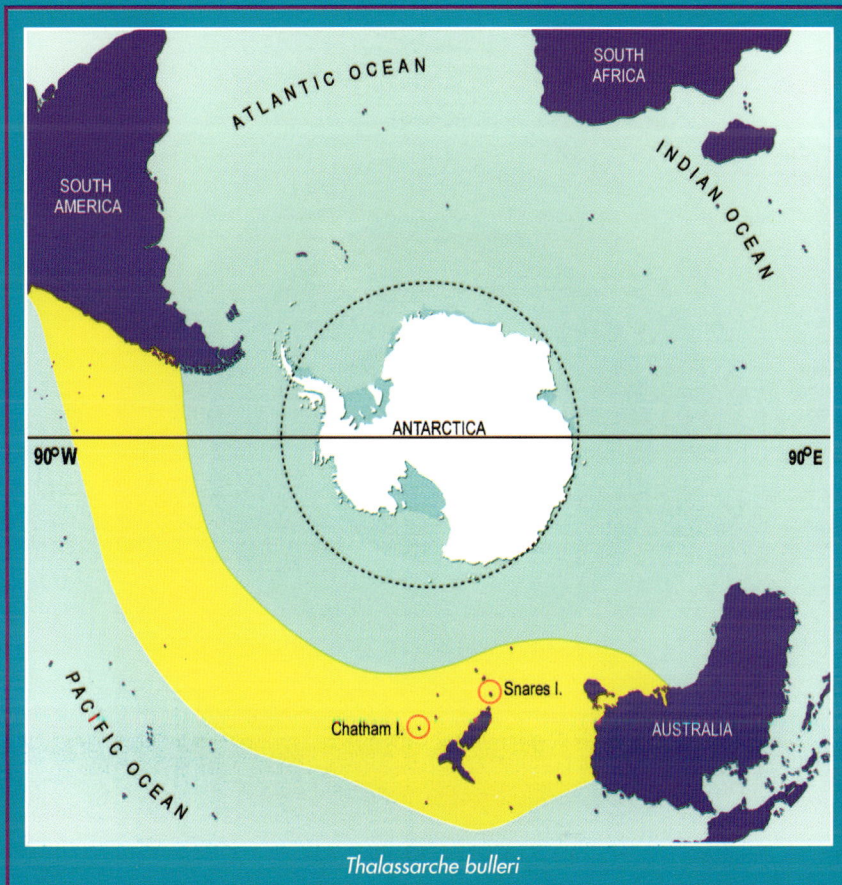

Light-mantled Sooty Albatross

Phoebetria palpebrata

Albatros Oscuro de Manto Claro

McDonald, Macquarie, Campbell, and Antipodes Islands. Its breeding population is estimated between 19,000 and 24,000 pairs while its total population probably reaches 140,000 individuals. It is a regular visitor in offshore waters around the Falkland Islands, dispersing though the southern Atlantic up to 30ºS, especially near the continental shelf and by the Pacific Ocean from the southern end of Chile along the Humboldt Current up to 20ºS.

Breeding: It is a monogamous species, with strong bonds between the couples lasting many years. Breeds every two years, from October and November onward. Nests in small loose colonies on slopes and coastal hillsides covered with tussock grasslands. Its nest consists of a mound of mud and grass, in which the female lays a single egg. The pair will incubate it for about 65 to 71 days and later both will guard and feed the chick. This will fledge between 20 and 24 weeks old.

Diet: Feeds mainly on squid and crustaceans, although also captures fish by surface-seizing or shallow-plunging.

Length: From 30.7 to 35.4 inches (78-90 cm) • **Wingspan:** From 5.9 to 7.2 feet (1.8-2.2 m) • **Weight:** From 5.5 to 8.1 lbs. (2.5-3.7 kg).

Distribution: It is an Antarctic and sub-Antarctic circumpolar resident, present preferably in bordering waters to the Antarctic Convergence. South Georgia Island holds the world's largest breeding population of the species. Other colonies in southern oceans are in Prince Edward, Marion, Crozet, Kerguelen, Heard,

Phoebetria palpebrata

Longitud: *De 78 a 90 centímetros*
• Envergadura: *De 1.8 a 2.2 metros* **• Peso:** *De 2.5 a 3.7 kilogramos.*

Distribución: *Es un residente circumpolar antártico y subantártico, presente de preferencia en aguas aledañas a la Convergencia Antártica. En Isla Georgia del Sur, se encuentra la población reproductiva más grande del mundo para la especie. Otras colonias en el Océano Austral se encuentran en Islas Prince Edward, Marion, Crozet, Kerguelen, Heard, McDonald, Macquarie, Campbell y Antípodes. Su población reproductiva se estima entre 19.000 y 24.000 parejas en tanto que su total poblacional probablemente alcance los 140.000 individuos. Es un visitante regular en aguas exteriores del archipiélago de las Malvinas, dispersándose por el Atlántico Sur hasta los 30ºS, en especial cerca de la plataforma continental y por el Pacífico, del extremo sur de Chile por la Corriente de Humboldt hasta los 20ºS.*

Reproducción: *Es una especie monógama, los lazos entre las parejas perduran por muchos años. Se reproduce cada dos años, desde octubre y noviembre en adelante. Nidifica en pequeñas colonias dispersas en pendientes y laderas costeras cubiertas de pastizales. Su nido consiste en un montículo hecho de barro y pastos, en el que la hembra coloca su único huevo. La pareja incubará por alrededor de 65 a 71 días y posteriormente ambos cuidarán y alimentarán al polluelo. Este finalmente se independizará entre las 20 y 24 semanas de vida.*

Dieta: *Se alimenta principalmente de calamares y crustáceos, aunque también de peces, que captura en la superficie o mediante cortas zambullidas a poca profundidad.*

The wind sails the open sea
steered by the albatross...

En alta mar navega el viento
dirigido por el albatros...

Pablo Neruda, Art of Birds /*Arte de Pájaros*